うんこドリル

東京大学との共同研究で 学力向上・学習意欲向上が 実証されました！

① 学習効果UP!

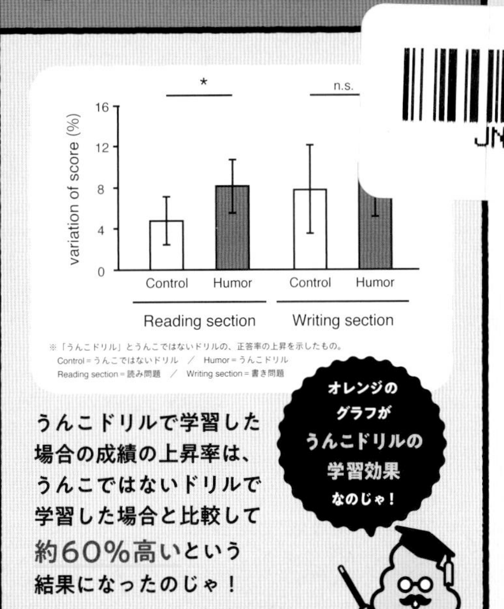

※「うんこドリル」とうんこではないドリルの、正答率の上昇を示したもの。
Control＝うんこではないドリル　／　Humor＝うんこドリル
Reading section＝読み問題　／　Writing section＝書き問題

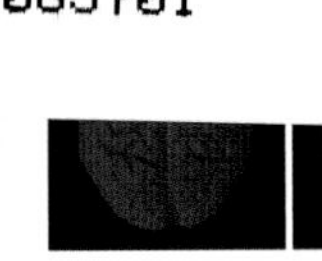

オレンジのグラフがうんこドリルの学習効果なのじゃ！

うんこドリルで学習した場合の成績の上昇率は、うんこではないドリルで学習した場合と比較して**約60%高い**という結果になったのじゃ！

② 学習意欲UP!

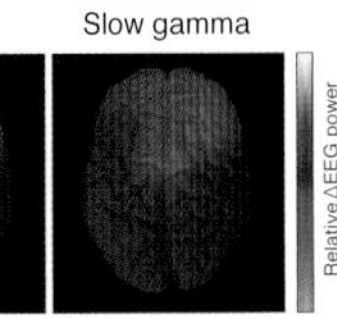

※「うんこドリル」とうんこではないドリルの閲覧時の、脳領域の活動の違いをカラーマップで表したもの。左から「アルファ波」「ベータ波」「スローガンマ波」。明るい部分ほど、うんこドリル閲覧時における脳波の動きが大きかった。

明るくなっているところが、うんこドリルが優位に働いたところなのじゃ！

うんこドリルで学習した場合**「記憶の定着」**に**効果的である**ことが確認されたのじゃ！

共同研究　東京大学薬学部　池谷裕二教授

1998年に東京大学にて薬学博士号を取得。2002～2005年にコロンビア大学（米ニューヨーク）に留学をはさみ、2014年より現職。専門分野は神経生理学で、脳の健康について探究している。また、2018年よりERATO脳AI融合プロジェクトの代表を務め、AIチップの脳移植による新たな知能の開拓を目指している。
文部科学大臣表彰 若手科学者賞（2008年）、日本学術振興会賞（2013年）、日本学士院学術奨励賞（2013年）などを受賞。

著書：『海馬』『記憶力を強くする』『進化しすぎた脳』
論文：Science 304:559、2004、同誌 311:599、2011、同誌 335:353、2012

先生のコメントはウラへ ➡

考察　池谷裕二教授より

教育において、ユーモアは児童・生徒を学習内容に注目させるために広く用いられます。先行研究によれば、ユーモアを含む教材では、ユーモアのない教材を用いたときよりも学習成績が高くなる傾向があることが示されていました。これらの結果は、ユーモアによって児童・生徒の注意力がより強く喚起されることで生じたものと考えられますが、ユーモアと注意力の関係を示す直接的な証拠は示されてきませんでした。そこで本研究では９～10歳の子どもを対象に、電気生理学的アプローチを用いて、ユーモアが注意力に及ぼす影響を評価することとしました。

本研究では、ユーモアが脳波と記憶に及ぼす影響を統合的に検討しました。心理学の分野では、ユーモアが学習促進に役立つことが提唱されていますが、ユーモアが学習における集中力にどのような影響を与え、学習を促すのかについてはほとんど知られていません。しかし、記憶のエンコーディングにおいて遅いγ帯域の脳波が増加することが報告されていることと、今回我々が示した結果から、ユーモアは遅いγ波を増強することで学習促進に有用であることが示唆されます。
さらに、ユーモア刺激によるβ波強度の増加も観察されました。β波の活動は視覚的注意と関連していることが知られていること、集中力の程度は体の動きで評価できることから、本研究の結果からは、ユーモアがβ波強度の増加を介して集中度を高めている可能性が考えられます。

これらの結果は、ユーモアが学習に良い影響を与えるという instructional humor processing theory を支持するものです。

※ J. Neuronet., 1028:1-13, 2020　http://neuronet.jp/jneuronet/007.pdf

東京大学薬学部　池谷裕二教授

がんばったねシール

もんだいを　ときおわったら，1ページに　はろう。

1 5・6ページ
2 7・8ページ
3 9・10ページ
4 11・12ページ
5 13・14ページ
6 15・16ページ
7 17・18ページ
8 19・20ページ
9 21・22ページ
10 23・24ページ
11 25・26ページ
12 27・28ページ

13 29・30ページ
14 31・32ページ
15 33・34ページ
16 35・36ページ

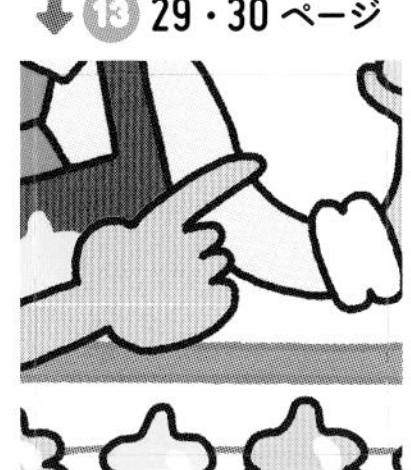

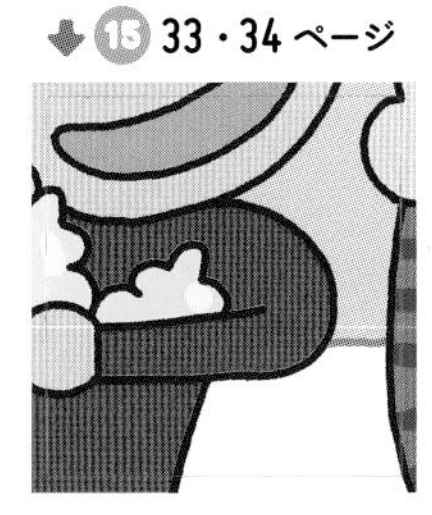

17 37・38 ページ
18 39・40 ページ
19 41・42 ページ
20 43・44 ページ
21 45・46 ページ
22 47・48 ページ
23 49・50 ページ
24 51・52 ページ
25 53・54 ページ
26 55・56 ページ
27 57・58 ページ
28 59・60 ページ
29 61・62 ページ
30 63・64 ページ
▼おまけ
うんこドリル

うんこ先生からのもんだい

ぜんぶ はると 絵が できて 答えが わかるぞい。

うんこ先生の 左手と 右手の うんこは あわせて なんこかな？

答え合わせを したら，番号の ところに シールを はろう。

1 5・6ページ	30 63・64ページ	10 23・24ページ	17 37・38ページ	5 13・14ページ
21 45・46ページ	24 51・52ページ	14 31・32ページ	26 55・56ページ	20 43・44ページ
4 11・12ページ	28 59・60ページ	11 25・26ページ	22 47・48ページ	8 19・20ページ
16 35・36ページ	19 41・42ページ	13 29・30ページ	27 57・58ページ	3 9・10ページ
12 27・28ページ	29 61・62ページ	7 17・18ページ	23 49・50ページ	9 21・22ページ
2 7・8ページ	25 53・54ページ	15 33・34ページ	18 39・40ページ	6 15・16ページ

もくじ

1日1まい

30日うんこドリルのつかい方

1日1まいを　しっかりと　とくのじゃ。
おもてに　5もん，うらに　5もんで
10もん　とくぞい。

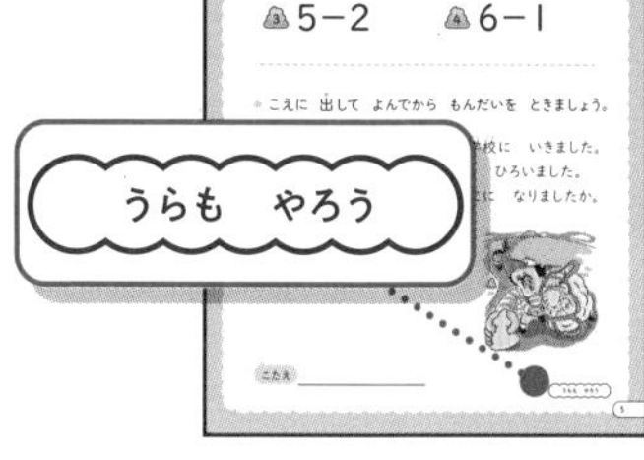

わすれずに　うらも　やろう。

おわったら，答え合わせを　するのじゃ。
できた　分だけ　色を　ぬって，
できなかった　もんだいは，なんども
とり組んで　おぼえるのじゃぞ。

ここに　答えの　ページが
書いて　あるよ。

3

べん強した　ページの　シールを
はるのじゃ。すべての　シールを
はると，わしからの　もんだいの
答えが　わかるぞい！

うんこ先生の 左手と 右手の
うんこは あわせて なんこかな？

さい後まで　とり組んだら，
もんだいの　答えが　わかるよ。

たしざんと　ひきざん❶

学習日
月　日

● けいさんを　しましょう。

① $2+1$　　② $3+5$

③ $5-2$　　④ $6-1$

● こえに　出して　よんでから　もんだいを　ときましょう。

⑤ うんこを　４こ　もって　学校に　いきました。
とちゅうで　うんこを　３こ　ひろいました。
うんこは　ぜんぶで　なんこに　なりましたか。

しき

こたえ ＿＿＿＿＿＿＿＿

うらも　やろう

● けいさんを　しましょう。

⑥ 6＋2

⑦ 9－4

⑧ 1＋8

⑨ 3－2

● こえに　出(だ)して　よんでから　もんだいを　ときましょう。

⑩ うんこを　7こ　よういして　ねました。
あさ　おきたら　2こ　なくなって　いました。
のこりの　うんこは　なんこ　ありますか。

しき

こたえ ＿＿＿＿＿＿＿＿＿＿

こたえは 65 ページ

できた分(ぶん)の色(いろ)をぬって，1ページにシールをはろう。

たしざんと　ひきざん❷

学習日

月　　日

- けいさんを　しましょう。

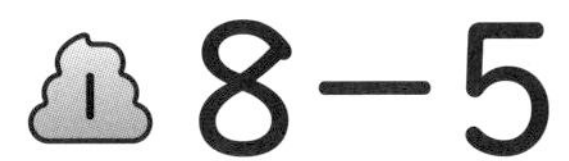

① 8−5　　② 2+6

③ 3+4　　④ 10−9

- こえに　出して　よんでから　もんだいを　ときましょう。

⑤ 月の　しゃしんが　7まい，うんこの　しゃしんが　1まい　あります。月の　しゃしんは　うんこの　しゃしんより　なんまい　おおいですか。

しき

こたえ ＿＿＿＿＿＿＿＿

うらも　やろう

● けいさんを　しましょう。

6　9－6

7　4＋4

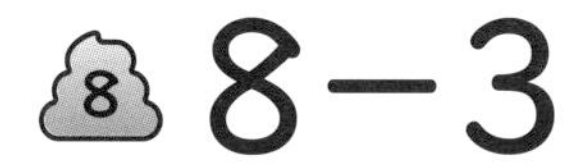

8　8－3

9　1＋5

● こえに　出して　よんでから　もんだいを　ときましょう。

10　人さしゆびで　7かい，くすりゆびで　3かい，うんこを　つつきました。あわせて　なんかい　うんこを　つつきましたか。

しき

こたえ ＿＿＿＿＿＿＿＿

こたえは 65 ページ

できた分の色をぬって，1ページにシールをはろう。

たしざんと　ひきざん③

学習日（がくしゅうび）　月　日

● けいさんを　しましょう。

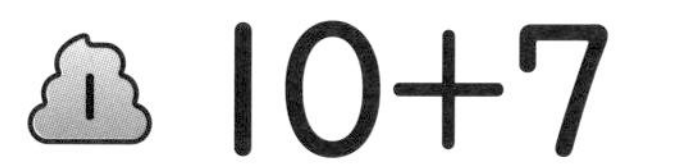

① $10+7$　　② $11+3$

③ $15-5$　　④ $15-2$

● こえに　出（だ）して　よんでから　もんだいを　ときましょう。

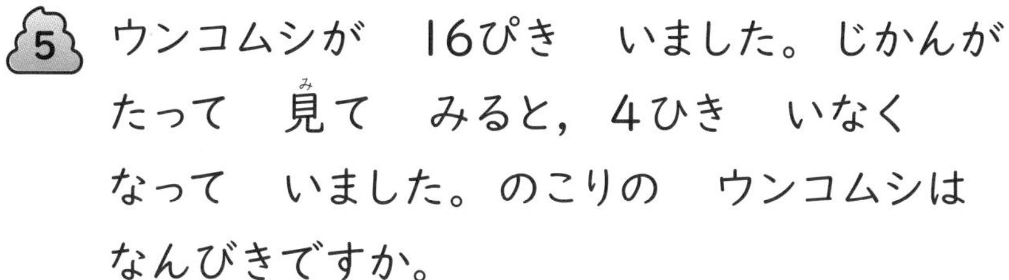

⑤ ウンコムシが　16ぴき　いました。じかんが　たって　見（み）て　みると，4ひき　いなく　なって　いました。のこりの　ウンコムシは　なんびきですか。

しき

こたえ ＿＿＿＿＿＿＿＿

うらも　やろう

● けいさんを　しましょう。

6 4＋1＋3

7 5＋5＋2

8 9−2−6

9 13−3−4

● こえに　出(だ)して　よんでから　もんだいを　ときましょう。

10 うんこを　3こ　もって　います。おとうさんから
7こ　もらって，さらに　おかあさんから
1こ　もらいました。ぜんぶで　うんこは
なんこに　なりましたか。

しき

こたえ ＿＿＿＿＿＿＿＿

こたえは 66 ページ

できた分(ぶん)の色(いろ)をぬって，1ページにシールをはろう。

たしざん❶

● けいさんを　しましょう。

① $9+2$　② $8+3$

③ $7+5$　④ $9+4$

● こえに　出（だ）して　よんでから　もんだいを　ときましょう。

⑤ おじいちゃんが　８かい，おとうさんが　４かい，「うんこ！」と　さけんで　います。あわせて　なんかい　「うんこ！」と　さけびましたか。

しき

こたえ ＿＿＿＿＿＿＿＿

うらも　やろう

● けいさんを　しましょう。

⑥ $7+4$　　⑦ $9+6$

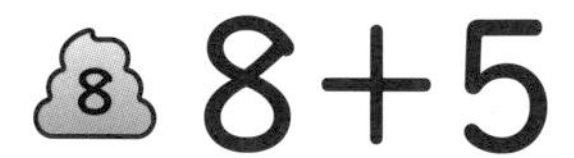

⑧ $8+5$　　⑨ $6+5$

● こえに　出(だ)して　よんでから　もんだいを　ときましょう。

⑩ 右手(みぎて)に　９こ，左手(ひだりて)に　３こ，うんこを のせて　います。あわせて　うんこを　なんこ のせて　いますか。

しき

こたえ ＿＿＿＿＿＿＿＿

こたえは 66 ページ

できた分(ぶん)の色(いろ)をぬって，１ページにシールをはろう。

たしざん②

学習日
月　日

● けいさんを　しましょう。

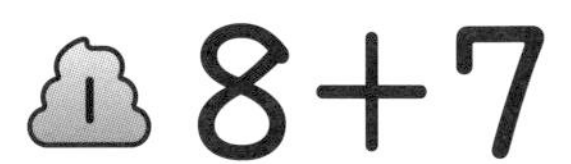

① 8＋7　　② 9＋5

③ 7＋6　　④ 9＋8

● こえに　出して　よんでから　もんだいを　ときましょう。

⑤ うんこを　８こ　よういして　ねました。
あさ　おきたら　６こ　ふえて　いました。
うんこは　ぜんぶで　なんこ　ありますか。

しき

こたえ ＿＿＿＿＿＿＿＿

うらも　やろう

● けいさんを　しましょう。

⑥ 9＋3　　⑦ 7＋7

⑧ 6＋8　　⑨ 8＋8

● こえに　出して　よんでから　もんだいを　ときましょう。

⑩ 大きな　うんこを　9人で　ひっぱって　います。
うごかないので，さらに　7人　きました。
ぜんぶで　なん人で　ひっぱって　いますか。

しき

こたえ ＿＿＿＿＿＿＿＿

こたえは 67 ページ

できた分の色をぬって，1ページにシールをはろう。

たしざん③

月　日

● けいさんを　しましょう。

① 3＋8　　② 2＋9

③ 4＋8　　④ 3＋9

● こえに　出して　よんでから　もんだいを　ときましょう。

⑤ ぼくが　４こ，おとうとが　７こ，うんこを
もって　います。うんこを　あわせて　なんこ
もって　いますか。

しき

こたえ ＿＿＿＿＿＿＿＿

うらも　やろう

● けいさんを　しましょう。

⑥ 6＋9

⑦ 5＋7

⑧ 7＋8

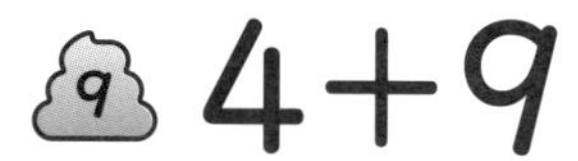

⑨ 4＋9

● こえに　出(だ)して　よんでから　もんだいを　ときましょう。

⑩ わたしが　5こ，いもうとが　6こ，うんこを　もって　います。うんこを　あわせて　なんこ　もって　いますか。

しき

こたえ ＿＿＿＿＿＿＿＿＿＿

こたえは 67 ページ

できた分(ぶん)の色(いろ)をぬって，1ページにシールをはろう。

7 日目

たしざん④

学習日　　月　　日

● けいさんを　しましょう。

① 7＋9　　② 4＋7

③ 6＋8　　④ 5＋9

● こえに　出して　よんでから　もんだいを　ときましょう。

⑤ きょうしつに　うんこが　5こ　あります。先生が　8こ　うんこを　もって　きました。きょうしつの　うんこは　ぜんぶで　なんこに　なりましたか。

しき

こたえ ＿＿＿＿＿＿＿＿

うらも　やろう

● けいさんを　しましょう。

7　4＋8

● こえに　出（だ）して　よんでから　もんだいを　ときましょう。

10　うんこを　して　いたら，ゴリラが　3とう　きました。さらに　9とうの　ゴリラが　きました。ゴリラは　ぜんぶで　なんとう　きましたか。

しき

こたえ ＿＿＿＿＿＿＿＿

こたえは 68 ページ

できた分（ぶん）の色（いろ）をぬって，1ページにシールをはろう。

たしざん❺

月　日

● しきの　こたえと　うんこの　かずが　おなじに　なるように ■と ●を　せんで　むすびましょう。

① 7＋7

② 8＋3

③ 6＋6

④ 9＋6

⑤ 8＋5

うらも　やろう

● たし<ruby>ざ</ruby>んの　こたえが　大(おお)きくなる　ほうの
うんこますに　○を　かきましょう。

6

3+8　□　□　7+5

7

6+6　□　□　4+9

8

7+6　□　□　8+4

9

8+7　□　□　3+9

10

6+9　□　□　9+9

こたえは 68 ページ

できた分(ぶん)の色(いろ)をぬって，1ページにシールをはろう。

たしざん⑥

学習日（がくしゅうび）　月（がつ）　日（にち）

● けいさんを　しましょう。

2 6+6

3 5+9

4 7+4

● こえに　出（だ）して　よんでから　もんだいを　ときましょう。

5 かわいい　うんこが　8こ，かっこいい　うんこが　5こ　あります。うんこは　あわせて　なんこ　ありますか。

しき

こたえ ＿＿＿＿＿＿＿＿

うらも　やろう

● けいさんを　しましょう。

⑥ 6＋7

⑦ 5＋8

⑧ 9＋9

⑨ 7＋5

● こえに　出(だ)して　よんでから　もんだいを　ときましょう。

⑩ うんこまみれの　車(くるま)が　３だい，ふつうの　車(くるま)が　８だい　あります。車(くるま)は　あわせて　なんだい　ありますか。

しき

こたえ ＿＿＿＿＿＿＿＿＿＿

こたえは 69 ページ

できた分(ぶん)の色(いろ)をぬって，１ページにシールをはろう。

たしざん⑦

月　日

● けいさんを　しましょう。

① 8＋7　　② 9＋4

③ 7＋7　　④ 6＋8

● こえに　出して　よんでから　もんだいを　ときましょう。

⑤ うんこを　きのうは　7かい，きょうは　6かい しました。あわせて　なんかい　うんこを しましたか。

しき

こたえ ＿＿＿＿＿＿＿＿

うらも　やろう

● けいさんを　しましょう。

⑥ 9＋2

⑦ 8＋8

⑧ 6＋7

⑨ 7＋8

● こえに　出(だ)して　よんでから　もんだいを　ときましょう。

⑩ うんこずかんが　8さつ，こん虫(ちゅう)ずかんが
9さつ　あります。ずかんは　あわせて
なんさつ　ありますか。

しき

こたえ ＿＿＿＿＿＿＿＿＿＿

こたえは 69 ページ

できた分(ぶん)の色(いろ)をぬって，1ページにシールをはろう。

まとめ①

● けいさんを　しましょう。

① 9＋3

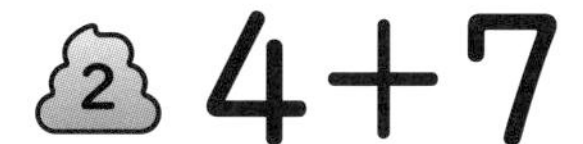

② 4＋7

③ 6＋6

④ 8＋5

● こえに　出して　よんでから　もんだいを　ときましょう。

⑤ しましまうんこが　7こ，水玉うんこが　9こ　ありますか。うんこは　あわせて　なんこ　ありますか。

しき

こたえ ＿＿＿＿＿＿＿＿

うらも　やろう

● けいさんを　しましょう。

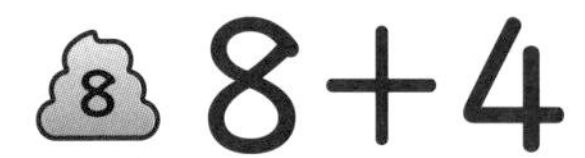

9 9+9

● こえに　出(だ)して　よんでから　もんだいを　ときましょう。

10 うんこが　6こ　あります。おじいちゃんが
おちゃを　のみながら　うんこを　8こ　しました。
うんこは　ぜんぶで　なんこ　ありますか。

しき

こたえ ＿＿＿＿＿＿＿＿＿＿

こたえは 70 ページ

できた分(ぶん)の色(いろ)をぬって，1ページにシールをはろう。

ひきざん❶

● けいさんを　しましょう。

① 12−9

② 11−7

③ 11−8

④ 13−9

● こえに　出して　よんでから　もんだいを　ときましょう。

⑤ うんこ花が　12本，チューリップが　８本
さいて　います。うんこ花は　チューリップより
なん本　おおく　さいて　いますか。

しき

こたえ ＿＿＿＿＿＿＿＿

うらも　やろう

● けいさんを　しましょう。

⑥ 14－8　　⑦ 16－9

⑧ 11－9　　⑨ 12－7

● こえに　出(だ)して　よんでから　もんだいを　ときましょう。

⑩ バスに　うんこを　もった　人(ひと)が　13人(にん)　います。そのうち，つぎの　バスていで　８人(にん)　おりました。バスに　うんこを　もった　人(ひと)は　なん人(にん)　いますか。

しき

こたえ ＿＿＿＿＿＿＿＿

こたえは 70 ページ

できた分(ぶん)の色(いろ)をぬって，１ページにシールをはろう。

ひきざん❷

学習日(がくしゅうび)

月(がつ)　日(にち)

● けいさんを　しましょう。

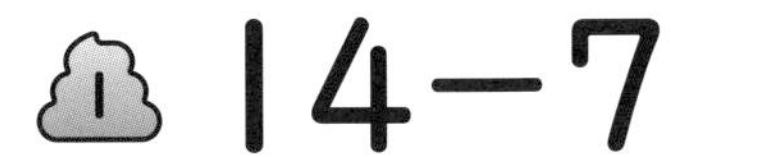

① 14−7

② 11−6

③ 15−9

④ 12−8

● こえに　出(だ)して　よんでから　もんだいを　ときましょう。

⑤ うんこを　11こ　よういして　ねました。
あさ　おきたら　5こ　なくなって　いました。
のこりの　うんこは　なんこ　ありますか。

しき

こたえ ＿＿＿＿＿＿＿＿

うらも　やろう

● けいさんを　しましょう。

⑥ 13－7　　⑦ 14－9

⑧ 15－8　　⑨ 12－6

● こえに　出(だ)して　よんでから　もんだいを　ときましょう。

⑩ うんこを　きのうは　7かい，きょうは
11かい　しました。きょうは，きのうより
なんかい　おおく　うんこを　しましたか。

しき

こたえ ＿＿＿＿＿＿＿＿＿＿

こたえは 71 ページ

できた分(ぶん)の色(いろ)をぬって，1ページにシールをはろう。

ひきざん③

月　日

● けいさんを　しましょう。

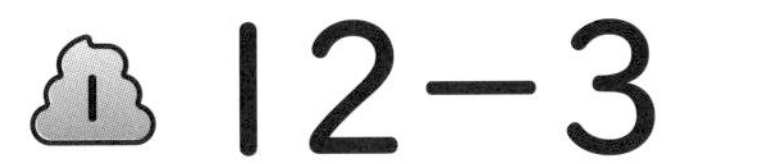

3 13−5

● こえに　出して　よんでから　もんだいを　ときましょう。

5 12この　うんこを　つかって　かざりつけを　しました。つぎの　日，４こ　おちて　しまって　いました。のこりの　うんこは　なんこですか。

しき

こたえ ＿＿＿＿＿＿＿＿

うらも　やろう

● けいさんを　しましょう。

⑥ 13－4　　⑦ 11－2

⑧ 12－5　　⑨ 13－6

● こえに　出して　よんでから　もんだいを　ときましょう。

⑩ うんこを　11こ　もって　います。そのうち，
3こを　おじいちゃんに　あげました。
のこりの　うんこは　なんこですか。

しき

こたえ ＿＿＿＿＿＿＿＿

こたえは 71 ページ

できた分の色をぬって，1ページにシールをはろう。

ひきざん④

学習日(がくしゅうび)　月(がつ)　日(にち)

● しきの　こたえと　うんこの　かずが　おなじに
なるように　■と　●を　せんで　むすびましょう。

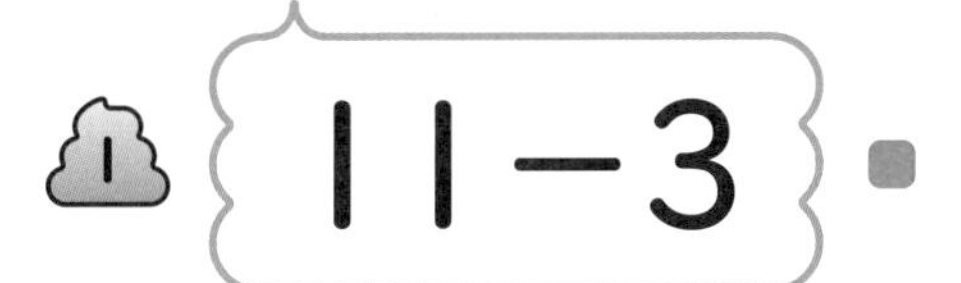

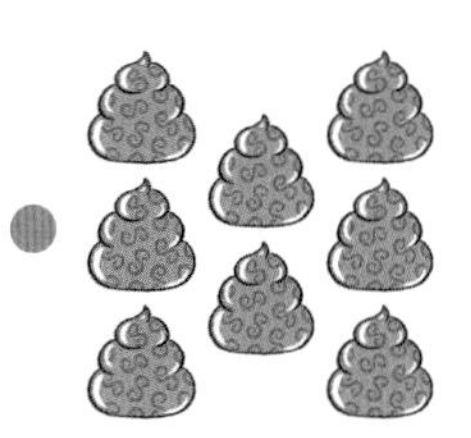

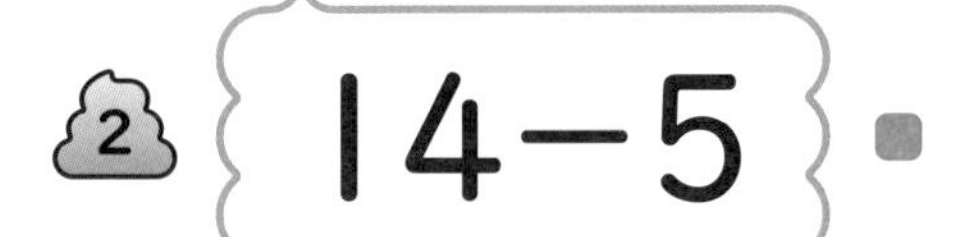

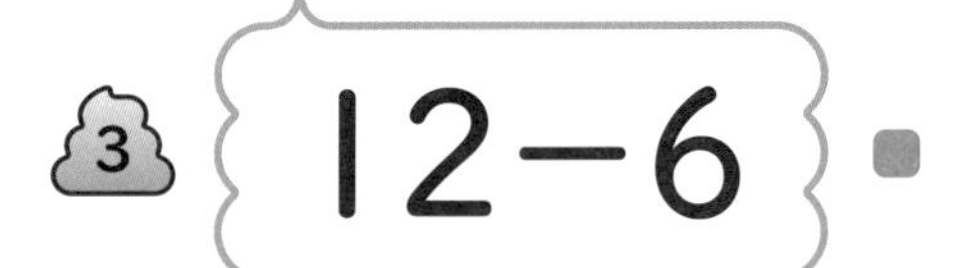

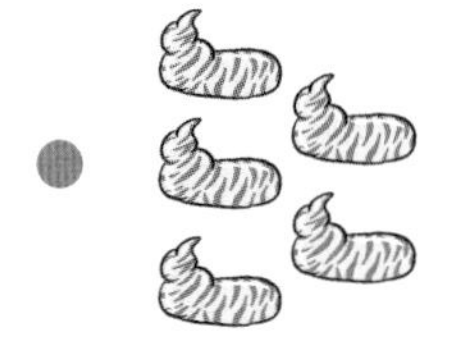

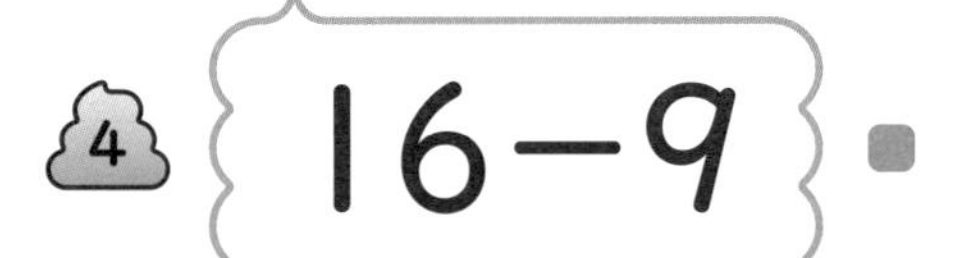

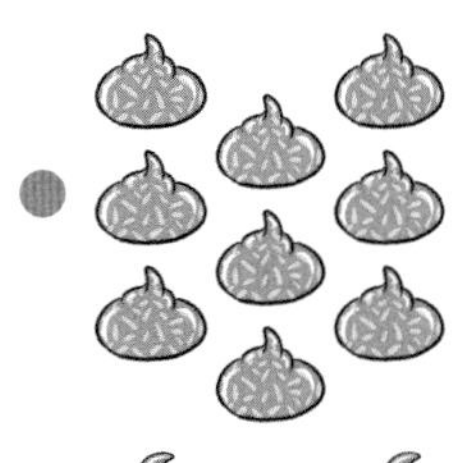

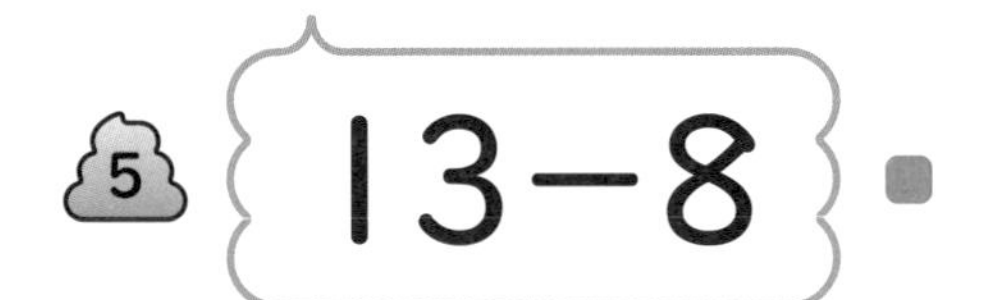

うらも　やろう

● ひきざんの　こたえが　大(おお)きくなる　ほうの
□(うんこます)に　○を　かきましょう。

6

12−3	□	□	11−5

7

14−6	□	□	17−8

8

13−8	□	□	16−8

9

11−7	□	□	12−6

10

18−9	□	□	15−7

こたえは 72 ページ

できた分(ぶん)の色(いろ)をぬって，1ページにシールをはろう。

ひきざん❺

学習日　　月　　日

● けいさんを　しましょう。

● こえに　出して　よんでから　もんだいを　ときましょう。

5 うんこを　13こ　もって　学校に　いきました。
ついたら　うんこは　6こしか　ありませんでした。
と中で　なくした　うんこは　なんこですか。

しき

こたえ ____________________

うらも　やろう

● けいさんを　しましょう。

6　16－8　　　7　13－9

8　15－6　　　9　12－4

● こえに　出して　よんでから　もんだいを　ときましょう。

10　ほし空の　しゃしんが　8まい，うんこの
しゃしんが　17まい　あります。うんこの
しゃしんは　ほし空の　しゃしんより
なんまい　おおいですか。

しき

こたえ ＿＿＿＿＿＿＿＿＿＿

こたえは 72 ページ

できた分の色をぬって，1ページにシールをはろう。

ひきざん❻

● けいさんを　しましょう。

① 16－7　　② 13－8

③ 11－3　　④ 15－9

● こえに　出して　よんでから　もんだいを　ときましょう。

⑤ ライオンが　12とう　あつまって　うんこを　して　います。5とう　いなく　なりました。のこりの　ライオンは　なんとうに　なりましたか。

しき

こたえ ＿＿＿＿＿＿＿＿

うらも　やろう

● けいさんを　しましょう。

⑥ 11−4　　⑦ 17−8

⑧ 14−7　　⑨ 13−5

● こえに　出して　よんでから　もんだいを　ときましょう。

⑩ カブトムシが　8ひき，ウンコムシが　15ひき　います。ウンコムシは　カブトムシより　なんびき　おおいですか。

しき

こたえ ＿＿＿＿＿＿＿＿＿＿

こたえは 73 ページ

できた分の色をぬって，1ページにシールをはろう。

ひきざん❼

学習日
月　日

● けいさんを　しましょう。

● こえに　出して　よんでから　もんだいを　ときましょう。

5 校ていに　うんこが　13こ　あります。
そのうち，7こが　ふみつぶされて　しまいました。
ふみつぶされて　いない　うんこは　なんこですか。

しき

こたえ ＿＿＿＿＿＿＿＿

うらも　やろう

● けいさんを　しましょう。

⑥ $12-7$　　⑦ $11-2$

⑧ $16-8$　　⑨ $13-6$

● こえに　出（だ）して　よんでから　もんだいを　ときましょう。

⑩ ぼくは　すてきな　うんこを　14こ　もって　います。そのうち，9こを　いもうとに　あげました。のこりの　うんこは　なんこですか。

しき

こたえ ＿＿＿＿＿＿＿＿

こたえは 73 ページ

できた分（ぶん）の色（いろ）をぬって，1ページにシールをはろう。

19 日目

まとめ❷

学習日
月　日

● けいさんを　しましょう。

① 11−6

② 12−3

③ 14−9　④ 13−8

● こえに　出して　よんでから　もんだいを　ときましょう。

⑤ こくばんに　うんこの　えが　16こ　かいて
ありますす。そのうち，7こ　けしました。
のこりの　うんこの　えは　なんこですか。

しき

こたえ ＿＿＿＿＿＿＿＿

うらも　やろう

● けいさんを　しましょう。

⑥ 11−3　　⑦ 15−6

⑧ 12−8　　⑨ 17−9

● こえに　出して　よんでから　もんだいを　ときましょう。

⑩ シールが　14まい　あります。そのうち，
5まいを　うんこに　はりました。のこりの
シールは　なんまいですか。

しき

こたえ ＿＿＿＿＿＿＿＿

こたえは 74 ページ

できた分の色をぬって，1ページにシールをはろう。

たしざんと　ひきざん①

学習日　　月　　日

● けいさんを　しましょう。

① 9＋6

② 8＋4

③ 11－9

④ 12－5

● こえに　出して　よんでから　もんだいを　ときましょう。

⑤ 大きな　うんこの　上に　おじさんが　６人　います。そこへ　おじさんが　７人　きました。うんこの　上に　いる　おじさんは　ぜんぶで　なん人ですか。

しき

こたえ ＿＿＿＿＿＿＿＿＿＿

うらも　やろう

● うんこタワーは　となりに　ある　うんこの　かずを　たして，上の　うんこに　かずを　入れて　いくと　かんせいします。うんこタワーを　かんせいさせましょう。

こたえは 74 ページ

できた分の色をぬって，1ページにシールをはろう。

たしざんと　ひきざん❷

学習日

月　　日

● けいさんを　しましょう。

① $7+6$　　② $14-8$

③ $4+9$　　④ $15-6$

● こえに　出して　よんでから　もんだいを　ときましょう。

⑤ 大きな　うんこに　コアラが　12とう　しがみついて　います。7とう　おちて　しまいました。うんこに　しがみついて　いる　コアラは　なんとうですか。

しき

こたえ ＿＿＿＿＿＿＿＿

うらも　やろう

しきの こたえと うんこの かずが おなじに なるように ■(しかく)と ●(まる)を せんで むすびましょう。

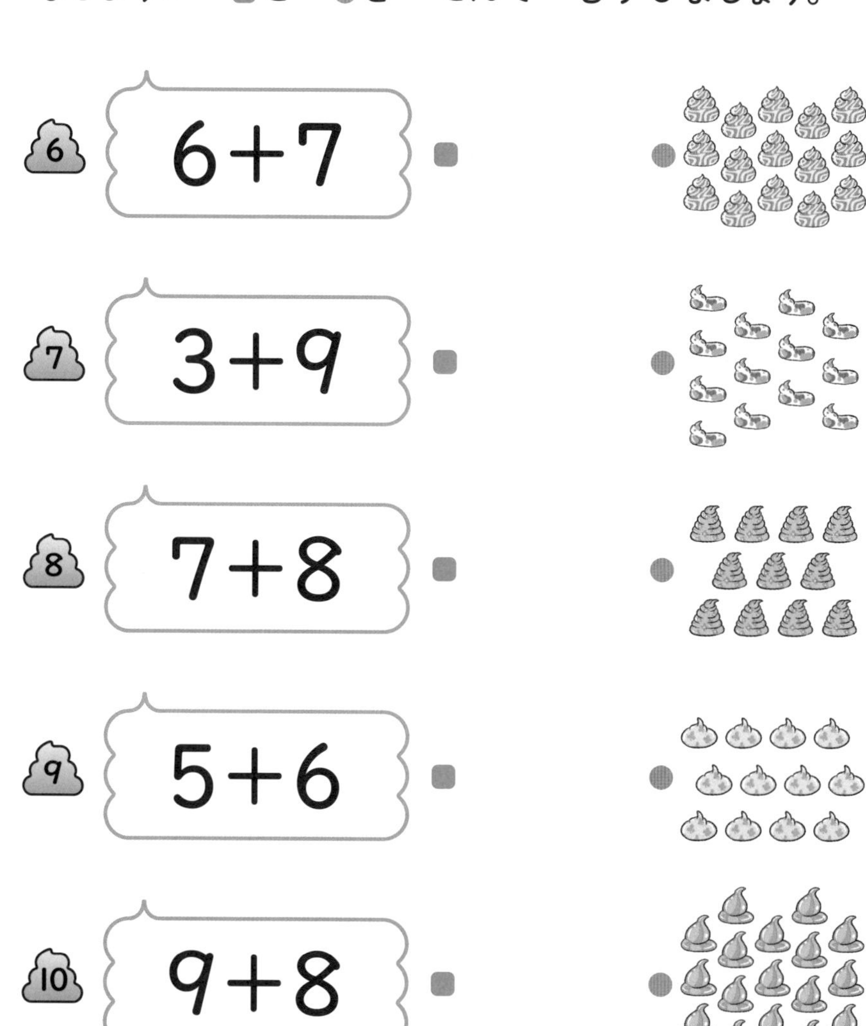

こたえは 75 ページ

できた分(ぶん)の色(いろ)をぬって，１ページにシールをはろう。

たしざんと　ひきざん❸

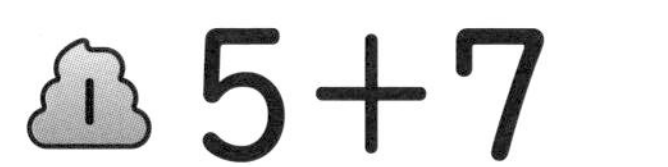

学習日

月　日

● けいさんを　しましょう。

① 5＋7

② 11－5

③ 14－7

④ 2＋9

● こえに 出して よんでから もんだいを ときましょう。

⑤ うんこに　ハートマークが　9こ，ほしマークが 8こ　ついて　います。マークは　ぜんぶで なんこ　ついて　いますか。

しき

こたえ ＿＿＿＿＿＿＿＿

うらも　やろう

● けいさんを　しましょう。

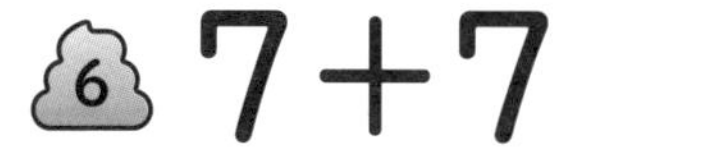

⑥ 7＋7　　⑦ 3＋8

⑧ 13−4　　⑨ 15−6

● こえに　出して　よんでから　もんだいを　ときましょう。

⑩ 右手で　8かい，　左手で　6かい，　うんこを
なでました。あわせて　なんかい　うんこを
なでましたか。

しき

こたえ ______________________

こたえは 75 ページ

できた分の色をぬって，1ページにシールをはろう。

たしざんと　ひきざん④

学習日

月　日

● けいさんを　しましょう。

① $14-6$　② $7+7$

③ $12-4$　④ $9+5$

● こえに 出して よんでから もんだいを ときましょう。

⑤ ころがる　うんこを　16ぴきの　犬が
おいかけて　います。9ひき　どこかへ
いって　しまいました。うんこを　おいかけて
いる　犬は　なんびきですか。

しき

こたえ ＿＿＿＿＿＿＿＿

うらも　やろう

しきの　こたえと　うんこの　かずが　おなじに なるように しかく（■）と まる（●）を　せんで　むすびましょう。

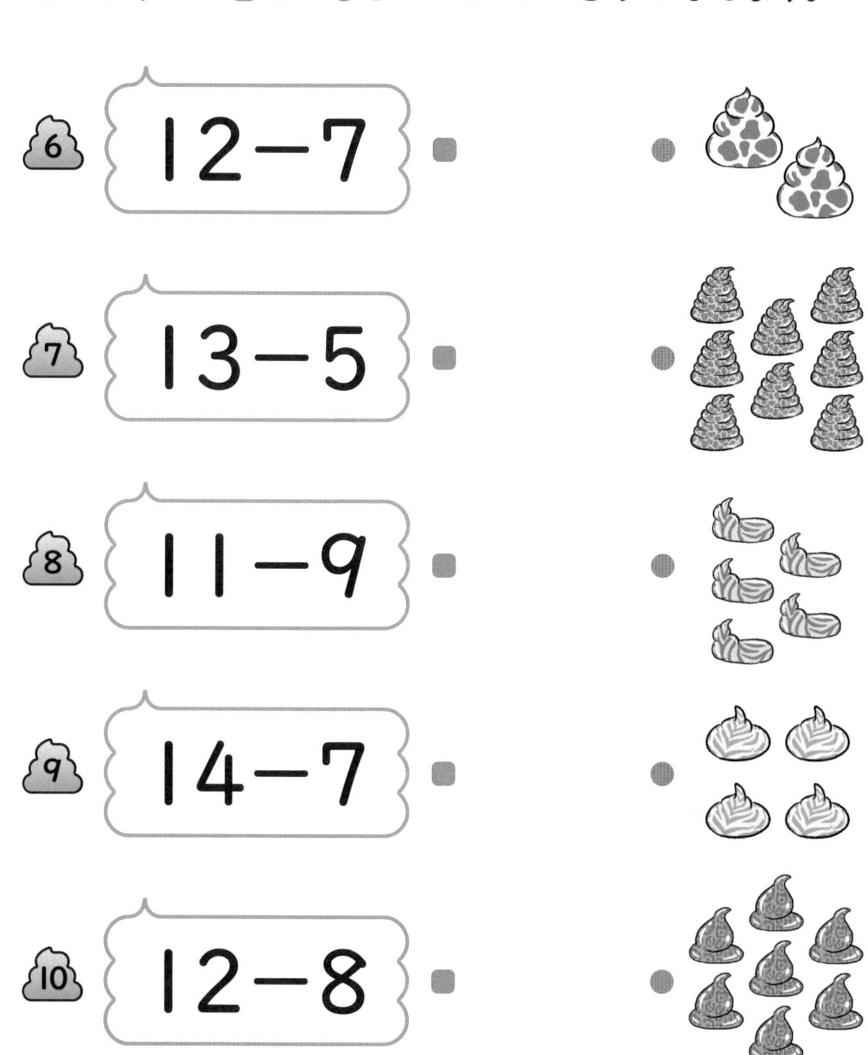

こたえは 76 ページ

できた分の色をぬって，1ページにシールをはろう。

たしざんと　ひきざん⑤

学習日
月　日

● けいさんを　しましょう。

① 13−7　　② 12−9

③ 6＋9　　④ 3＋8

● こえに　出して　よんでから　もんだいを　ときましょう。

⑤ 17この　うんこが　とんで　きました。そのうち，8こ　キャッチしました。キャッチできなかった　うんこは　なんこですか。

しき

こたえ ＿＿＿＿＿＿＿＿

うらも　やろう

● こたえの　大きい　じゅんに ◯に　もじを入れて　ことばを　かんせいさせましょう。

こたえは 76 ページ

できた分の色をぬって，1ページにシールをはろう。

大きい　かずの　たしざん①

月　日

けいさんを　しましょう。

1 $10+20$

2 $30+40$

3 $60+10$

4 $50+50$

こえに　出して　よんでから　もんだいを　ときましょう。

5 70円の　うんこと　20円の　えんぴつを
かいました。あわせて　なん円ですか。

しき

こたえ

● けいさんを　しましょう。

6　60＋10

7　30＋50

8　20＋80

9　40＋40

● こえに　出して　よんでから　もんだいを　ときましょう。

10　学校の　としょしつには　どうぶつの　本が
30さつ，うんこの　本が　20さつ　あります。
あわせて　本は　なんさつ　ありますか。

しき

こたえ ＿＿＿＿＿＿＿＿＿＿

こたえは 77 ページ

できた分の色をぬって，１ページにシールをはろう。

大きい　かずの　たしざん❷

月　　日

● けいさんを　しましょう。

① $20+8$

② $40+5$

③ $90+1$

④ $30+7$

● こえに　出して　よんでから　もんだいを　ときましょう。

⑤ きょうしつに　うんこが　60こ　ならべて　あります。さらに　4こ　もって　きました。きょうしつの　うんこは　ぜんぶで　なんこに　なりましたか。

しき

こたえ ＿＿＿＿＿＿＿＿

うらも　やろう

● けいさんを　しましょう。

6　33＋3

7　61＋7

8　42＋4

9　95＋2

● こえに　出して　よんでから　もんだいを　ときましょう。

10　いえに　ある　うんこの　うち，88こが　おとうさんの　うんこで，1こが　おかあさんの　うんこです。いえには　あわせて　うんこが　なんこ　ありますか。

しき

こたえ ＿＿＿＿＿＿＿＿

こたえは 77 ページ

できた分の色をぬって，1ページにシールをはろう。

27 日目

大きい　かずの　ひきざん❶

学習日

月　日

● けいさんを　しましょう。

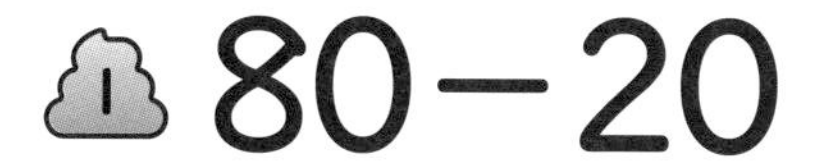

1 80－20

2 50－30

3 70－40

4 100－50

● こえに　出して　よんでから　もんだいを　ときましょう。

5 めずらしい　うんこを　見る　ために　60人が　あつまりました。そのうち，40人は　かえりました。まだ　うんこを　見て　いるのは　なん人ですか。

しき

こたえ ____________________

うらも　やろう

● けいさんを　しましょう。

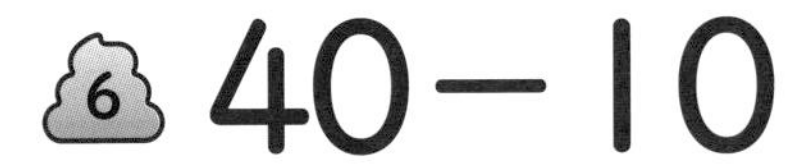

⑥ 40－10

⑦ 30－20

⑧ 60－30

⑨ 90－70

● こえに　出(だ)して　よんでから　もんだいを　ときましょう。

⑩ 100円(えん)を　もって　かいものに　いって，
20円(えん)の　うんこを　かいました。のこりの
お金(かね)は　なん円(えん)ですか。

しき

こたえ ＿＿＿＿＿＿＿＿

こたえは 78 ページ

できた分(ぶん)の色(いろ)をぬって，1ページにシールをはろう。

大きい　かずの　ひきざん❷

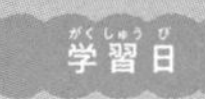

月　　日

● けいさんを　しましょう。

1 84−4

2 56−6

3 37−7

4 92−2

● こえに　出して　よんでから　もんだいを　ときましょう。

5 うんこに　えんぴつを　41本　さして おきました。あさ　見て　みると，1本　おちて いました。まだ　ささって　いる　えんぴつは なん本ですか。

しき

こたえ

● けいさんを　しましょう。

⑥ 82−1

⑦ 39−5

⑧ 44−2

⑨ 76−3

● こえに　出して　よんでから　もんだいを　ときましょう。

⑩ 59この　うんこを　つみかさねました。
ゆれたので，2こ　おちました。まだ
つみかさなって　いる　うんこは　なんこですか。

しき

こたえ ＿＿＿＿＿＿＿＿

こたえは 78 ページ

できた分の色をぬって，1ページにシールをはろう。

29 日目

まとめ③

学習日
月　日

● けいさんを　しましょう。

1 50＋30

2 90＋10

3 60－10

4 100－40

● こえに 出して よんでから もんだいを ときましょう。

5 おじいちゃんの　うんこが　70こ，おとうさんの うんこが　20こ　ならべられて　います。うんこは あわせて　なんこ　ならんで　いますか。

しき

こたえ ＿＿＿＿＿＿＿＿＿＿

うらも　やろう

● けいさんを　しましょう。

⑥ 47＋2

⑦ 96－3

⑧ 25－4

⑨ 63＋1

● こえに　出(だ)して　よんでから　もんだいを　ときましょう。

⑩ 74まいの　シールが　あります。そのうち，2まいは　ヒーローの　シールで，のこりは　うんこの　シールです。うんこの　シールは　なんまい　ありますか。

しき

こたえ ＿＿＿＿＿＿＿＿

こたえは 79 ページ

できた分(ぶん)の色(いろ)をぬって，1ページにシールをはろう。

大きい　かずの　たしざんと　ひきざん

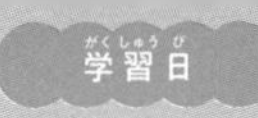

月　日

● けいさんを　しましょう。

1 85−5

2 33＋3

3 60＋1

4 46−2

● こえに　出して　よんでから　もんだいを　ときましょう。

5 57円の　うんこと　2円の　きってを
かいました。あわせて　なん円ですか。

しき

こたえ ＿＿＿＿＿＿＿＿

うらも　やろう

●けいさんの　こたえが　おなじに　なる ▭ を
えらんで，■と　●を　せんで　むすびましょう。

⑥
20＋20 ■　　● 90－30

⑦
30＋30 ■　　● 80－30

⑧
50＋30 ■　　● 90－50

⑨
40＋10 ■　　● 70－40

⑩
10＋20 ■　　● 100－20

こたえは 79 ページ

できた分の色をぬって，１ページにシールをはろう。

こたえ

できた 分(ぶん)だけ 色(いろ)を ぬろう。
まちがえた もんだいは もう いちど やろう。

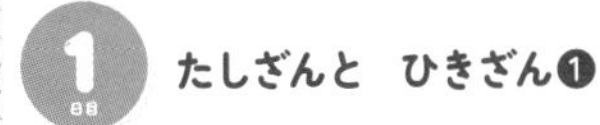

1 たしざんと ひきざん❶

1日目

学習日 月 日

● けいさんを しましょう。

① 2＋1＝3　② 3＋5＝8

③ 5−2＝3　④ 6−1＝5

● こえに 出して よんでから もんだいを ときましょう。

⑤ うんこを 4こ もって 学校に いきました。
とちゅうで うんこを 3こ ひろいました。
うんこは ぜんぶで なんこに なりましたか。

しき 4＋3＝7

こたえ 7こ

うらも やろう

1日目の つづき

● けいさんを しましょう。

⑥ 6＋2＝8　⑦ 9−4＝5

⑧ 1＋8＝9　⑨ 3−2＝1

● こえに 出して よんでから もんだいを ときましょう。

⑩ うんこを 7こ よういして ねました。
あさ おきたら 2こ なくなって いました。
のこりの うんこは なんこ ありますか。

しき 7−2＝5

こたえ 5こ

こたえは 65 ページ

できた分の色をぬって、1ページにシールをはろう。

2 たしざんと ひきざん❷

2日目

学習日 月 日

● けいさんを しましょう。

① 8−5＝3　② 2＋6＝8

③ 3＋4＝7　④ 10−9＝1

● こえに 出して よんでから もんだいを ときましょう。

⑤ 月の しゃしんが 7まい，うんこの しゃしんが
1まい あります。月の しゃしんは うんこの
しゃしんより なんまい おおいですか。

しき 7−1＝6

こたえ 6まい

うらも やろう

2日目の つづき

● けいさんを しましょう。

⑥ 9−6＝3　⑦ 4＋4＝8

⑧ 8−3＝5　⑨ 1＋5＝6

● こえに 出して よんでから もんだいを ときましょう。

⑩ 人さしゆびで 7かい，くすりゆびで 3かい，
うんこを つつきました。あわせて なんかい
うんこを つつきましたか。

しき 7＋3＝10

こたえ 10かい

こたえは 65 ページ

できた分の色をぬって、1ページにシールをはろう。

こたえ

たしざんと　ひきざん❸

学習日　月　日

● けいさんを　しましょう。

1. 10+7=17
2. 11+3=14
3. 15−5=10
4. 15−2=13

● こえに　出して　よんでから　もんだいを　ときましょう。

5. ウンコムシが　16ぴき　いました。じかんが　たって　見て　みると，4ひき　いなく　なって　いました。のこりの　ウンコムシは　なんびきですか。

しき　16−4=12

こたえ　12ひき

うらも　やろう

9

3日目の　つづき

● けいさんを　しましょう。

6. 4+1+3=8
7. 5+5+2=12
8. 9−2−6=1
9. 13−3−4=6

● こえに　出して　よんでから　もんだいを　ときましょう。

10. うんこを　3こ　もって　います。おとうさんから　7こ　もらって，さらに　おかあさんから　1こ　もらいました。ぜんぶで　うんこは　なんこに　なりましたか。

しき　3+7+1=11

こたえ　11こ

こたえは 66 ページ

できた日の色をぬって、1ページにシールをはろう。

10

たしざん❶

学習日　月　日

● けいさんを　しましょう。

1. 9+2=11
2. 8+3=11
3. 7+5=12
4. 9+4=13

● こえに　出して　よんでから　もんだいを　ときましょう。

5. おじいちゃんが　8かい，おとうさんが　4かい，「うんこ!」と　さけんで　います。あわせて　なんかい　「うんこ!」と　さけびましたか。

しき　8+4=12

こたえ　12かい

うらも　やろう

11

4日目の　つづき

● けいさんを　しましょう。

6. 7+4=11
7. 9+6=15
8. 8+5=13
9. 6+5=11

● こえに　出して　よんでから　もんだいを　ときましょう。

10. 右手に　9こ，左手に　3こ，うんこを　のせて　います。あわせて　うんこを　なんこ　のせて　いますか。

しき　9+3=12

こたえ　12こ

こたえは 66 ページ

できた日の色をぬって、1ページにシールをはろう。

12

こたえ

たしざん❷

● けいさんを　しましょう。

① 8+7=15　② 9+5=14

③ 7+6=13　④ 9+8=17

● こえに　出して　よんでから　もんだいを　ときましょう。

⑤ うんこを　8こ　よういして　ねました。
あさ　おきたら　6こ　ふえて　いました。
うんこは　ぜんぶで　なんこ　ありますか。

しき 8+6=14

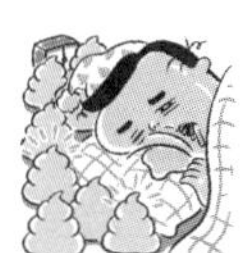

こたえ 14こ

13

● けいさんを　しましょう。

⑥ 9+3=12　⑦ 7+7=14

⑧ 6+8=14　⑨ 8+8=16

● こえに　出して　よんでから　もんだいを　ときましょう。

⑩ 大きな　うんこを　9人で　ひっぱって　います。
うごかないので，さらに　7人　きました。
ぜんぶで　なん人で　ひっぱって　いますか。

しき 9+7=16

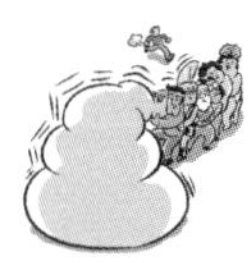

こたえ 16人

こたえは 67 ページ

できた分の色をぬって，1ページにシールをはろう。

14

たしざん❸

● けいさんを　しましょう。

① 3+8=11　② 2+9=11

③ 4+8=12　④ 3+9=12

● こえに　出して　よんでから　もんだいを　ときましょう。

⑤ ぼくが　4こ，おとうとが　7こ，うんこを
もって　います。うんこを　あわせて　なんこ
もって　いますか。

しき 4+7=11

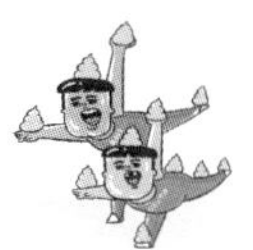

こたえ 11こ

うらも　やろう

15

6日目の　つづき

● けいさんを　しましょう。

⑥ 6+9=15　⑦ 5+7=12

⑧ 7+8=15　⑨ 4+9=13

● こえに　出して　よんでから　もんだいを　ときましょう。

⑩ わたしが　5こ，いもうとが　6こ，うんこを
もって　います。うんこを　あわせて　なんこ
もって　いますか。

しき 5+6=11

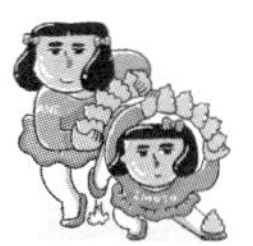

こたえ 11こ

こたえは 67 ページ

できた分の色をぬって，1ページにシールをはろう。

16

こたえ

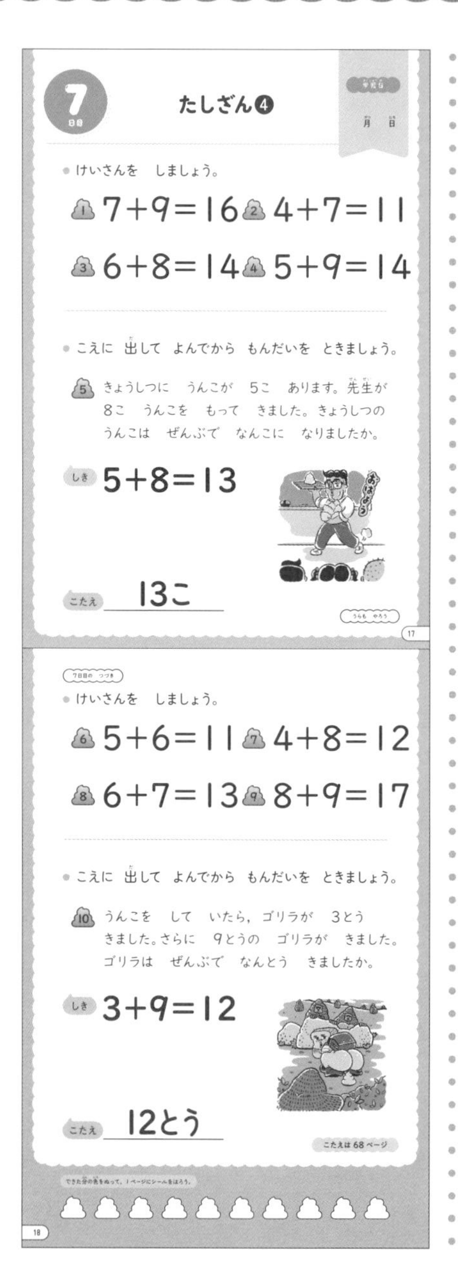

7 日目
たしざん④
がくしゅうび 月 日
● けいさんを しましょう。
1 7+9=16
2 4+7=11
3 6+8=14
4 5+9=14
● こえに 出して よんでから もんだいを ときましょう。
5 きょうしつに うんこが 5こ あります。先生が 8こ うんこを もって きました。きょうしつの うんこは ぜんぶで なんこに なりましたか。
しき 5+8=13
こたえ 13こ
うらも やろう
17
7日目の つづき
● けいさんを しましょう。
6 5+6=11
7 4+8=12
8 6+7=13
9 8+9=17
● こえに 出して よんでから もんだいを ときましょう。
10 うんこを して いたら，ゴリラが 3とう きました。さらに 9とうの ゴリラが きました。ゴリラは ぜんぶで なんとう きましたか。
しき 3+9=12
こたえ 12とう
こたえは 68 ページ
できた分の色をぬって，1ページにシールをはろう。
18

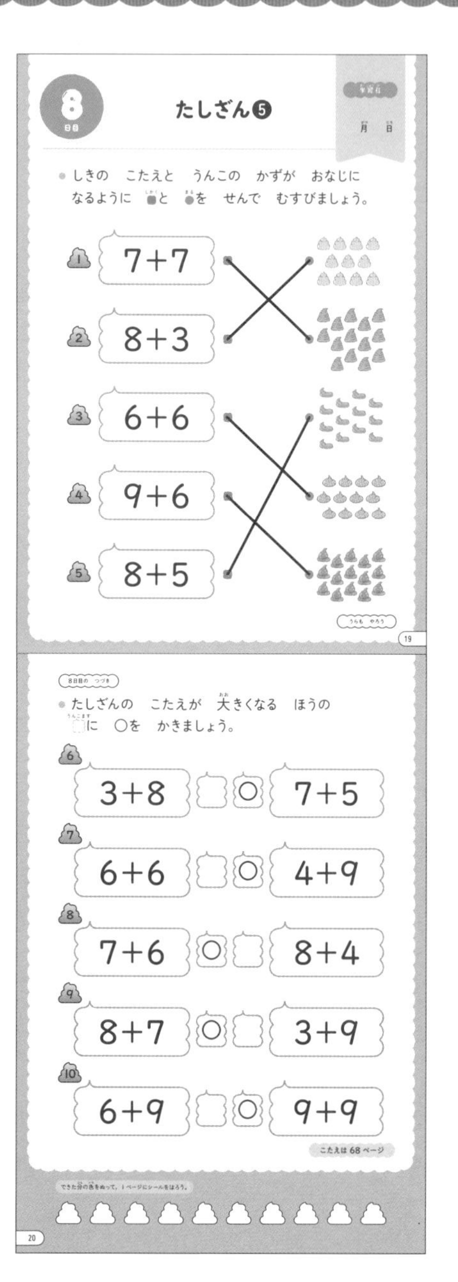

8 日目
たしざん⑤
がくしゅうび 月 日
● しきの こたえと うんこの かずが おなじに なるように ●と ●を せんで むすびましょう。
1 7+7
2 8+3
3 6+6
4 9+6
5 8+5
うらも やろう
19
8日目の つづき
● たしざんの こたえが 大きくなる ほうの □に ○を かきましょう。
6 3+8 ○ 7+5
7 6+6 ○ 4+9
8 7+6 ○ 8+4
9 8+7 ○ 3+9
10 6+9 ○ 9+9
こたえは 68 ページ
できた分の色をぬって，1ページにシールをはろう。
20

こたえ

たしざん⑥

● けいさんを　しましょう。

① 8+3=11　② 6+6=12

③ 5+9=14　④ 7+4=11

● こえに　出して　よんでから　もんだいを　ときましょう。

⑤ かわいい　うんこが　8こ，かっこいい　うんこが　5こ　あります。うんこは　あわせて　なんこ　ありますか。

しき　8+5=13

こたえ　13こ

9日目の　つづき

● けいさんを　しましょう。

⑥ 6+7=13　⑦ 5+8=13

⑧ 9+9=18　⑨ 7+5=12

● こえに　出して　よんでから　もんだいを　ときましょう。

⑩ うんこまみれの　車が　3だい，ふつうの　車が　8だい　あります。車は　あわせて　なんだい　ありますか。

しき　3+8=11

こたえ　11だい

こたえは 69 ページ

できた分の色をぬって，1ページにシールをはろう。

たしざん⑦

● けいさんを　しましょう。

① 8+7=15　② 9+4=13

③ 7+7=14　④ 6+8=14

● こえに　出して　よんでから　もんだいを　ときましょう。

⑤ うんこを　きのうは　7かい，きょうは　6かい　しました。あわせて　なんかい　うんこを　しましたか。

しき　7+6=13

こたえ　13かい

うらも　やろう

10日目の　つづき

● けいさんを　しましょう。

⑥ 9+2=11　⑦ 8+8=16

⑧ 6+7=13　⑨ 7+8=15

● こえに　出して　よんでから　もんだいを　ときましょう。

⑩ うんこずかんが　8さつ，こん虫ずかんが　9さつ　あります。ずかんは　あわせて　なんさつ　ありますか。

しき　8+9=17

こたえ　17さつ

こたえは 69 ページ

できた分の色をぬって，1ページにシールをはろう。

こたえ

11日目 まとめ❶

学習日　月　日

● けいさんを　しましょう。

1. 9+3=12
2. 4+7=11
3. 6+6=12
4. 8+5=13

● こえに　出して　よんでから　もんだいを　ときましょう。

5. しましまうんこが　7こ，水玉うんこが　9こ　あります。うんこは　あわせて　なんこ　ありますか。

しき　7+9=16

こたえ　16こ

うらも　やろう

11日目の　つづき

● けいさんを　しましょう。

6. 9+7=16
7. 6+5=11
8. 8+4=12
9. 9+9=18

● こえに　出して　よんでから　もんだいを　ときましょう。

10. うんこが　6こ　あります。おじいちゃんが　おちゃを　のみながら　うんこを　8こ　しました。うんこは　ぜんぶで　なんこ　ありますか。

しき　6+8=14

こたえ　14こ

こたえは 70 ページ

できた分の色をぬって，1ページにシールをはろう。

12日目 ひきざん❶

学習日　月　日

● けいさんを　しましょう。

1. 12−9=3
2. 11−7=4
3. 11−8=3
4. 13−9=4

● こえに　出して　よんでから　もんだいを　ときましょう。

5. うんこ花が　12本，チューリップが　8本　さいて　います。うんこ花は　チューリップより　なん本　おおく　さいて　いますか。

しき　12−8=4

こたえ　4本

うらも　やろう

12日目の　つづき

● けいさんを　しましょう。

6. 14−8=6
7. 16−9=7
8. 11−9=2
9. 12−7=5

● こえに　出して　よんでから　もんだいを　ときましょう。

10. バスに　うんこを　もった　人が　13人　います。そのうち，つぎの　バスていで　8人　おりました。バスに　うんこを　もった　人は　なん人　いますか。

しき　13−8=5

こたえ　5人

こたえは 70 ページ

できた分の色をぬって，1ページにシールをはろう。

こたえ

ひきざん❷

月　日

●けいさんを　しましょう。

① 14−7=7　② 11−6=5

③ 15−9=6　④ 12−8=4

●こえに　出して　よんでから　もんだいを　ときましょう。

⑤ うんこを　11こ　よういして　ねました。
あさ　おきたら　5こ　なくなって　いました。
のこりの　うんこは　なんこ　ありますか。

しき　11−5=6

こたえ　6こ

うらも　やろう

13日目の　つづき

●けいさんを　しましょう。

⑥ 13−7=6　⑦ 14−9=5

⑧ 15−8=7　⑨ 12−6=6

●こえに　出して　よんでから　もんだいを　ときましょう。

⑩ うんこを　きのうは　7かい，きょうは
11かい　しました。きょうは，きのうより
なんかい　おおく　うんこを　しましたか。

しき　11−7=4

こたえ　4かい

こたえは 71 ページ

できた分の色をぬって，1ページにシールをはろう。

ひきざん❸

月　日

●けいさんを　しましょう。

① 12−3=9　② 14−5=9

③ 13−5=8　④ 11−4=7

●こえに　出して　よんでから　もんだいを　ときましょう。

⑤ 12この　うんこを　つかって　かざりつけを
しました。つぎの　日，4こ　おちて　しまって
いました。のこりの　うんこは　なんこですか。

しき　12−4=8

こたえ　8こ

うらも　やろう

14日目の　つづき

●けいさんを　しましょう。

⑥ 13−4=9　⑦ 11−2=9

⑧ 12−5=7　⑨ 13−6=7

●こえに　出して　よんでから　もんだいを　ときましょう。

⑩ うんこを　11こ　もって　います。そのうち，
3こを　おじいちゃんに　あげました。
のこりの　うんこは　なんこですか。

しき　11−3=8

こたえ　8こ

こたえは 71 ページ

できた分の色をぬって，1ページにシールをはろう。

こたえ

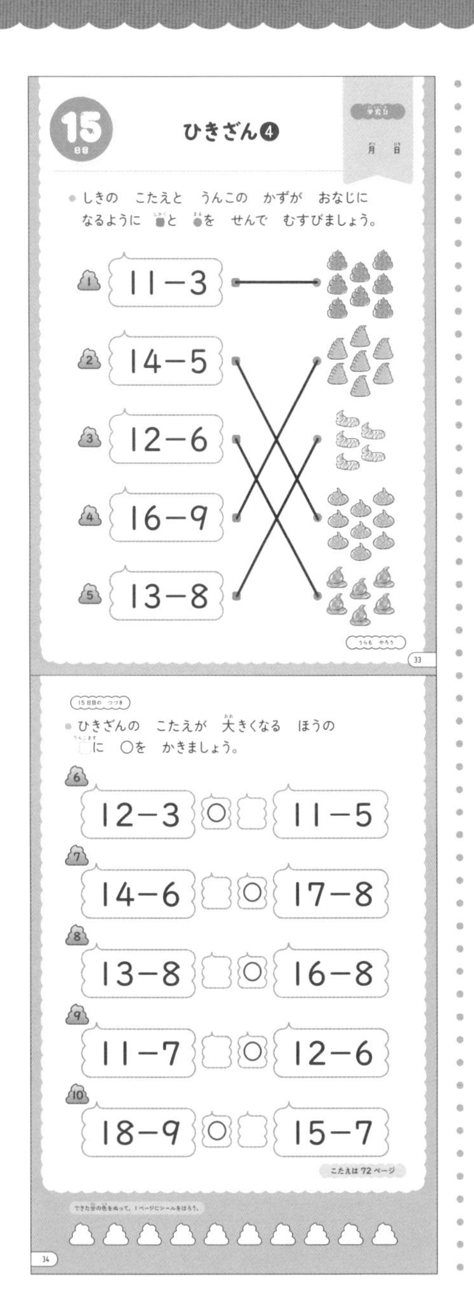
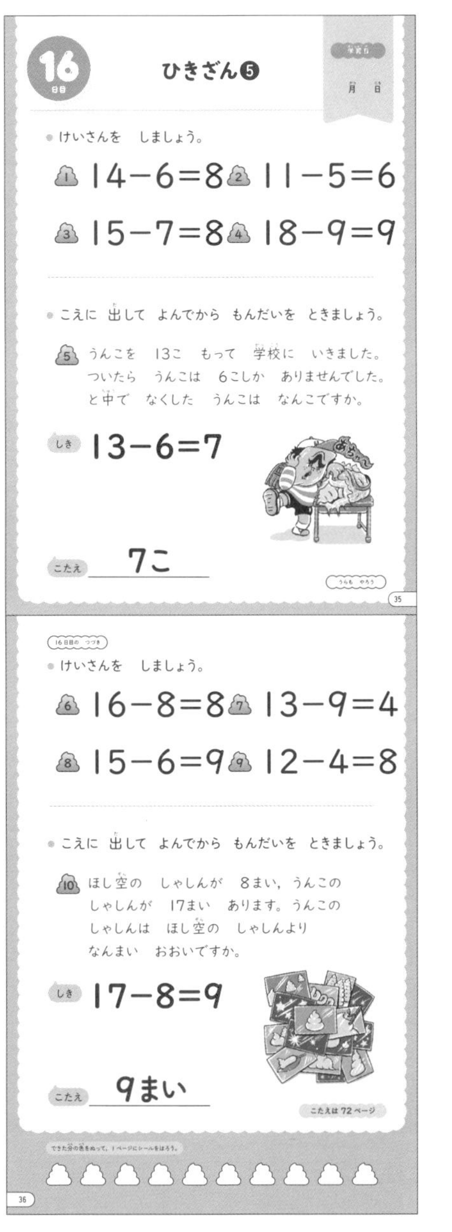

こたえ

ひきざん⑥

月　日

●けいさんを　しましょう。

① 16−7＝9　② 13−8＝5

③ 11−3＝8　④ 15−9＝6

●こえに　出して　よんでから　もんだいを　ときましょう。

⑤ ライオンが　12とう　あつまって　うんこを　して　います。5とう　いなく　なりました。のこりの　ライオンは　なんとうに　なりましたか。

しき　12−5＝7

こたえ　7とう

うらも　やろう

17日目の　つづき

●けいさんを　しましょう。

⑥ 11−4＝7　⑦ 17−8＝9

⑧ 14−7＝7　⑨ 13−5＝8

●こえに　出して　よんでから　もんだいを　ときましょう。

⑩ カブトムシが　8ひき，ウンコムシが　15ひき　います。ウンコムシは　カブトムシより　なんびき　おおいですか。

しき　15−8＝7

こたえ　7ひき

こたえは 73 ページ

できた分の色をぬって，1ページにシールをはろう。

ひきざん⑦

月　日

●けいさんを　しましょう。

① 13−4＝9　② 11−8＝3

③ 12−6＝6　④ 18−9＝9

●こえに　出して　よんでから　もんだいを　ときましょう。

⑤ 校ていに　うんこが　13こ　あります。そのうち，7こが　ふみつぶされて　しまいました。ふみつぶされて　いない　うんこは　なんこですか。

しき　13−7＝6

こたえ　6こ

うらも　やろう

18日目の　つづき

●けいさんを　しましょう。

⑥ 12−7＝5　⑦ 11−2＝9

⑧ 16−8＝8　⑨ 13−6＝7

●こえに　出して　よんでから　もんだいを　ときましょう。

⑩ ぼくは　すてきな　うんこを　14こ　もって　います。そのうち，9こを　いもうとに　あげました。のこりの　うんこは　なんこですか。

しき　14−9＝5

こたえ　5こ

こたえは 73 ページ

できた分の色をぬって，1ページにシールをはろう。

こたえ

19日目 まとめ❷

● けいさんを　しましょう。

1. 11−6=5
2. 12−3=9
3. 14−9=5
4. 13−8=5

● こえに　出して　よんでから　もんだいを　ときましょう。

5. こくばんに　うんこの　えが　16こ　かいて ありります。そのうち，7こ　けしました。 のこりの　うんこの　えは　なんこですか。

しき　16−7=9

こたえ　9こ

うらも　やろう

● けいさんを　しましょう。

6. 11−3=8
7. 15−6=9
8. 12−8=4
9. 17−9=8

● こえに　出して　よんでから　もんだいを　ときましょう。

10. シールが　14まい　あります。そのうち，5まいを　うんこに　はりました。のこりの シールは　なんまいですか。

しき　14−5=9

こたえ　9まい

こたえは 74 ページ

できた分の色をぬって，1ページにシールをはろう。

20日目 たしざんと　ひきざん❶

● けいさんを　しましょう。

1. 9+6=15
2. 8+4=12
3. 11−9=2
4. 12−5=7

● こえに　出して　よんでから　もんだいを　ときましょう。

5. 大きな　うんこの　上に　おじさんが　6人 います。そこへ　おじさんが　7人　きました。 うんこの　上に　いる　おじさんは　ぜんぶで なん人ですか。

しき　6+7=13

こたえ　13人

うらも　やろう

● うんこタワーは　となりに　ある　うんこの かずを　たして，上の　うんこに　かずを　入れて いくと　かんせいします。うんこタワーを かんせいさせましょう。

こたえは 74 ページ

できた分の色をぬって，1ページにシールをはろう。

こたえ

21 たしざんと ひきざん❷

- けいさんを しましょう。

① 7+6=13 ② 14−8=6

③ 4+9=13 ④ 15−6=9

- こえに 出して よんでから もんだいを ときましょう。

⑤ 大きな うんこに コアラが 12とう しがみ ついて います。7とう おちて しまいました。うんこに しがみついて いる コアラは なんとうですか。

しき 12−7=5

こたえ 5とう

21日目の つづき

- しきの こたえと うんこの かずが おなじに なるように ■と ●を せんで むすびましょう。

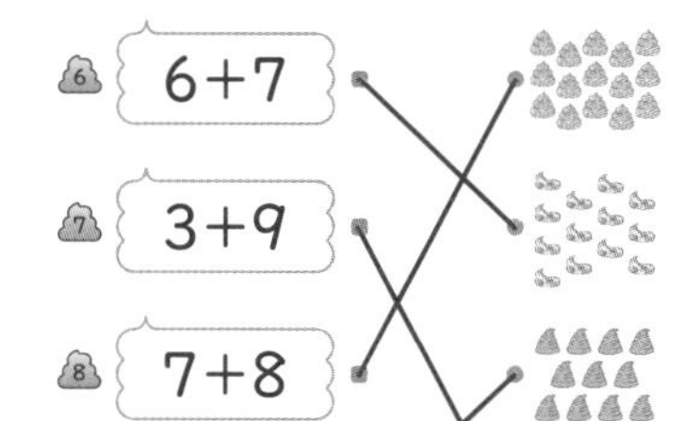

⑥ 6+7

⑦ 3+9

⑧ 7+8

⑨ 5+6

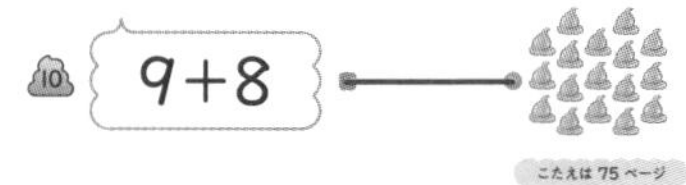

⑩ 9+8

こたえは 75 ページ

22 たしざんと ひきざん❸

- けいさんを しましょう。

① 5+7=12 ② 11−5=6

③ 14−7=7 ④ 2+9=11

- こえに 出して よんでから もんだいを ときましょう。

⑤ うんこに ハートマークが 9こ，ほしマークが 8こ ついて います。マークは ぜんぶで なんこ ついて いますか。

しき 9+8=17

こたえ 17こ

22日目の つづき

- けいさんを しましょう。

⑥ 7+7=14 ⑦ 3+8=11

⑧ 13−4=9 ⑨ 15−6=9

- こえに 出して よんでから もんだいを ときましょう。

⑩ 右手で 8かい，左手で 6かい，うんこを なでました。あわせて なんかい うんこを なでましたか。

しき 8+6=14

こたえ 14かい

こたえは 75 ページ

こたえ

23日目 たしざんと　ひきざん❹

学習日　月　日

● けいさんを　しましょう。

1. 14−6=8
2. 7+7=14
3. 12−4=8
4. 9+5=14

● こえに　出して　よんでから　もんだいを　ときましょう。

5. ころがる　うんこを　16ぴきの　犬が　おいかけて　います。9ひき　どこかへ　いって　しまいました。うんこを　おいかけて　いる　犬は　なんびきですか。

しき　16−9=7

こたえ　7ひき

うらも　やろう

49

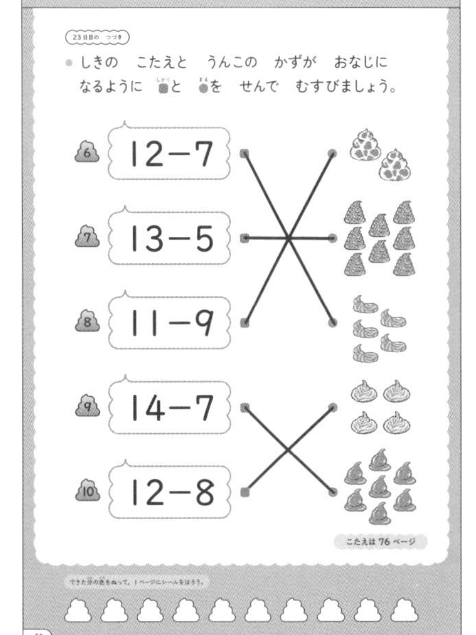

23日目の　つづき

● しきの　こたえと　うんこの　かずが　おなじに　なるように　●と　●を　せんで　むすびましょう。

6. 12−7
7. 13−5
8. 11−9
9. 14−7
10. 12−8

こたえは 76 ページ

できた分の色をぬって、1ページにシールをはろう。

50

24日目 たしざんと　ひきざん❺

学習日　月　日

● けいさんを　しましょう。

1. 13−7=6
2. 12−9=3
3. 6+9=15
4. 3+8=11

● こえに　出して　よんでから　もんだいを　ときましょう。

5. 17この　うんこが　とんで　きました。そのうち，8こ　キャッチしました。キャッチできなかった　うんこは　なんこですか。

しき　17−8=9

こたえ　9こ

うらも　やろう

51

24日目の　つづき

● こたえの　大きい　じゅんに　□に　もじを　入れて　ことばを　かんせいさせましょう。

うんこ　ばんざい!!

ざ 12−8　ば 13−7

ん 11−6　う 18−9

こ 14−7　ん 12−4

い 11−8

こたえは 76 ページ

できた分の色をぬって、1ページにシールをはろう。

52

こたえ

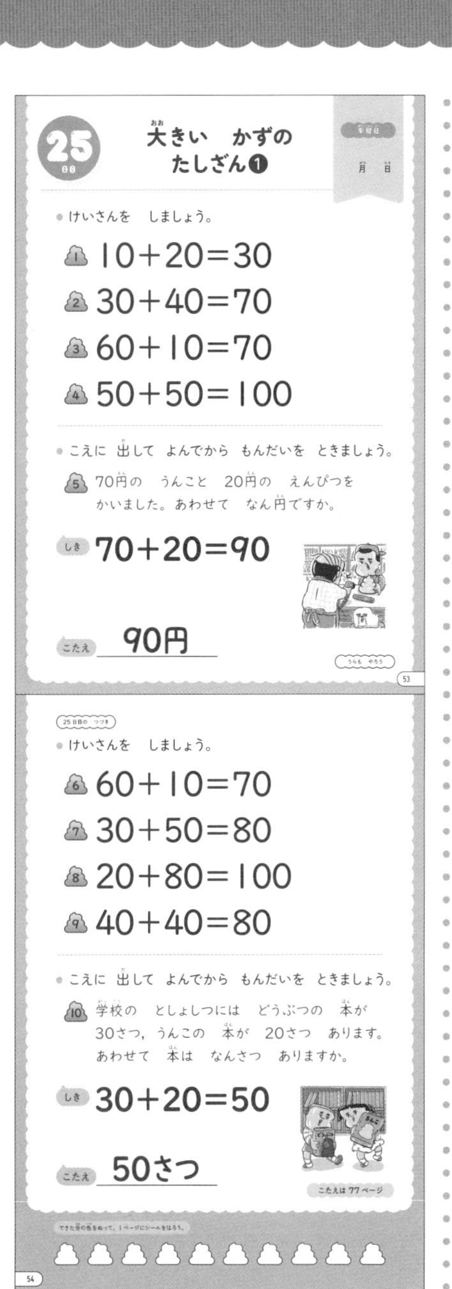

25日目
大きい　かずの　たしざん❶
月　日
●けいさんを　しましょう。
① 10+20=30
② 30+40=70
③ 60+10=70
④ 50+50=100
●こえに　出して　よんでから　もんだいを　ときましょう。
⑤ 70円の　うんこと　20円の　えんぴつを
かいました。あわせて　なん円ですか。
しき 70+20=90
こたえ 90円
53
25日目の　つづき
●けいさんを　しましょう。
⑥ 60+10=70
⑦ 30+50=80
⑧ 20+80=100
⑨ 40+40=80
●こえに　出して　よんでから　もんだいを　ときましょう。
⑩ 学校の　としょしつには　どうぶつの　本が
30さつ，うんこの　本が　20さつ　あります。
あわせて　本は　なんさつ　ありますか。
しき 30+20=50
こたえ 50さつ
こたえは 77 ページ
54

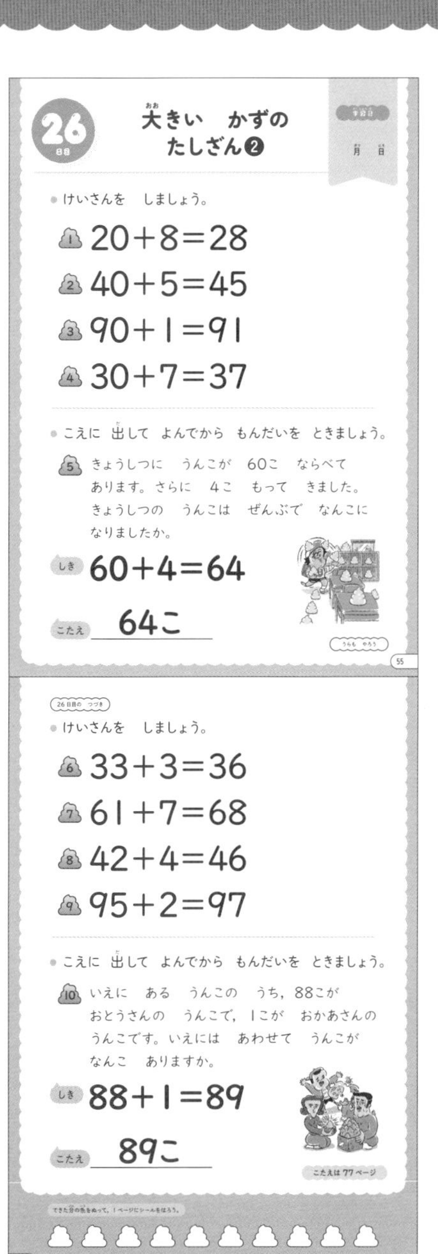

26日目
大きい　かずの　たしざん❷
月　日
●けいさんを　しましょう。
① 20+8=28
② 40+5=45
③ 90+1=91
④ 30+7=37
●こえに　出して　よんでから　もんだいを　ときましょう。
⑤ きょうしつに　うんこが　60こ　ならべて
あります。さらに　4こ　もって　きました。
きょうしつの　うんこは　ぜんぶで　なんこに
なりましたか。
しき 60+4=64
こたえ 64こ
55
26日目の　つづき
●けいさんを　しましょう。
⑥ 33+3=36
⑦ 61+7=68
⑧ 42+4=46
⑨ 95+2=97
●こえに　出して　よんでから　もんだいを　ときましょう。
⑩ いえに　ある　うんこの　うち，88こが
おとうさんの　うんこで，1こが　おかあさんの
うんこです。いえには　あわせて　うんこが
なんこ　ありますか。
しき 88+1=89
こたえ 89こ
こたえは 77 ページ
56

こたえ

大きい　かずの　ひきざん❶

● けいさんを　しましょう。

1. 80−20=60
2. 50−30=20
3. 70−40=30
4. 100−50=50

● こえに　出して　よんでから　もんだいを　ときましょう。

5. めずらしい　うんこを　見る　ために　60人が　あつまりました。そのうち，40人は　かえりました。まだ　うんこを　見て　いるのは　なん人ですか。

しき 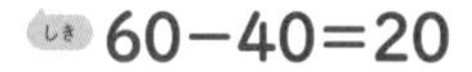 60−40=20

こたえ　20人

57

27日目の　つづき

● けいさんを　しましょう。

6. 40−10=30
7. 30−20=10
8. 60−30=30
9. 90−70=20

● こえに　出して　よんでから　もんだいを　ときましょう。

10. 100円を　もって　かいものに　いって，20円の　うんこを　かいました。のこりの　お金は　なん円ですか。

しき 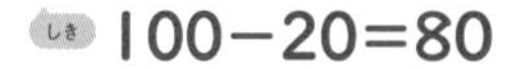 100−20=80

こたえ　80円

こたえは 78 ページ

できた分の色をぬって、1ページにシールをはろう。

58

大きい　かずの　ひきざん❷

● けいさんを　しましょう。

1. 84−4=80
2. 56−6=50
3. 37−7=30
4. 92−2=90

● こえに　出して　よんでから　もんだいを　ときましょう。

5. うんこに　えんぴつを　41本　さして　おきました。あさ　見て　みると，1本　おちて　いました。まだ　ささって　いる　えんぴつは　なん本ですか。

しき  41−1=40

こたえ　40本

59

28日目の　つづき

● けいさんを　しましょう。

6. 82−1=81
7. 39−5=34
8. 44−2=42
9. 76−3=73

● こえに　出して　よんでから　もんだいを　ときましょう。

10. 59この　うんこを　つみかさねました。ゆれたので，2こ　おちました。まだ　つみかさなって　いる　うんこは　なんこですか。

しき　59−2=57

こたえ　57こ

こたえは 78 ページ

できた分の色をぬって、1ページにシールをはろう。

60

こたえ

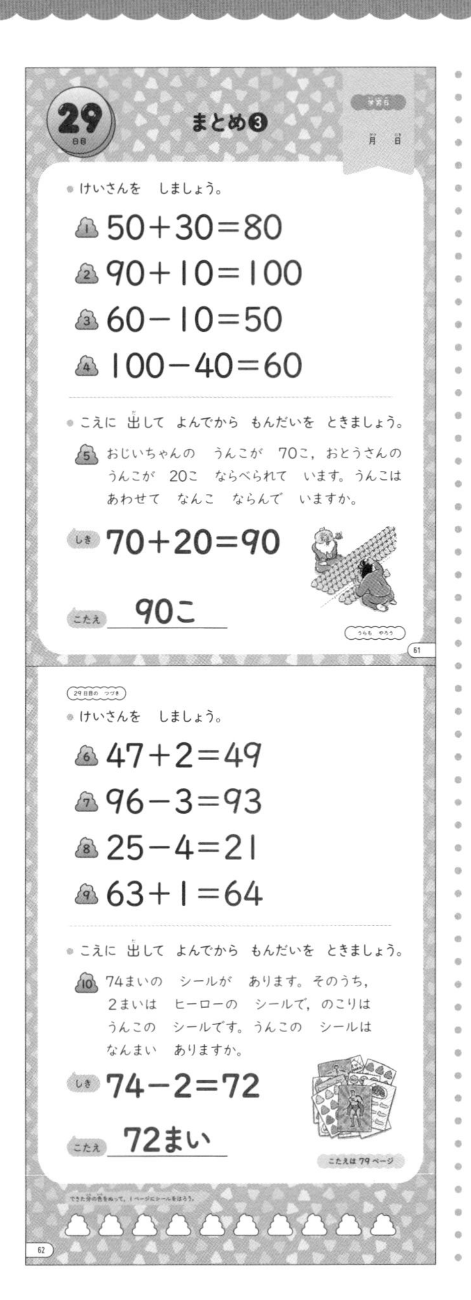

29日目

まとめ❸

学習日　月　日

● けいさんを　しましょう。

1. 50＋30＝80
2. 90＋10＝100
3. 60－10＝50
4. 100－40＝60

● こえに　出して　よんでから　もんだいを　ときましょう。

5. おじいちゃんの　うんこが　70こ，おとうさんの　うんこが　20こ　ならべられて　います。うんこは　あわせて　なんこ　ならんで　いますか。

しき　70＋20＝90

こたえ　90こ

うらも　やろう

61

29日目の　つづき

● けいさんを　しましょう。

6. 47＋2＝49
7. 96－3＝93
8. 25－4＝21
9. 63＋1＝64

● こえに　出して　よんでから　もんだいを　ときましょう。

10. 74まいの　シールが　あります。そのうち，2まいは　ヒーローの　シールで，のこりは　うんこの　シールです。うんこの　シールは　なんまい　ありますか。

しき　74－2＝72

こたえ　72まい

こたえは 79 ページ

できた分の色をぬって，1ページにシールをはろう。

62

30日目

大きい　かずの　たしざんと　ひきざん

学習日　月　日

● けいさんを　しましょう。

1. 85－5＝80
2. 33＋3＝36
3. 60＋1＝61
4. 46－2＝44

● こえに　出して　よんでから　もんだいを　ときましょう。

5. 57円の　うんこと　2円の　きってを　かいました。あわせて　なん円ですか。

しき　57＋2＝59

こたえ　59円

うらも　やろう

63

30日目の　つづき

● けいさんの　こたえが　おなじに　なる　□を　えらんで，●と　●を　せんで　むすびましょう。

6	20＋20	90－30
7	30＋30	80－30
8	50＋30	90－50
9	40＋10	70－40
10	10＋20	100－20

こたえは 79 ページ

できた分の色をぬって，1ページにシールをはろう。

64

1ページの　こたえ：17こ

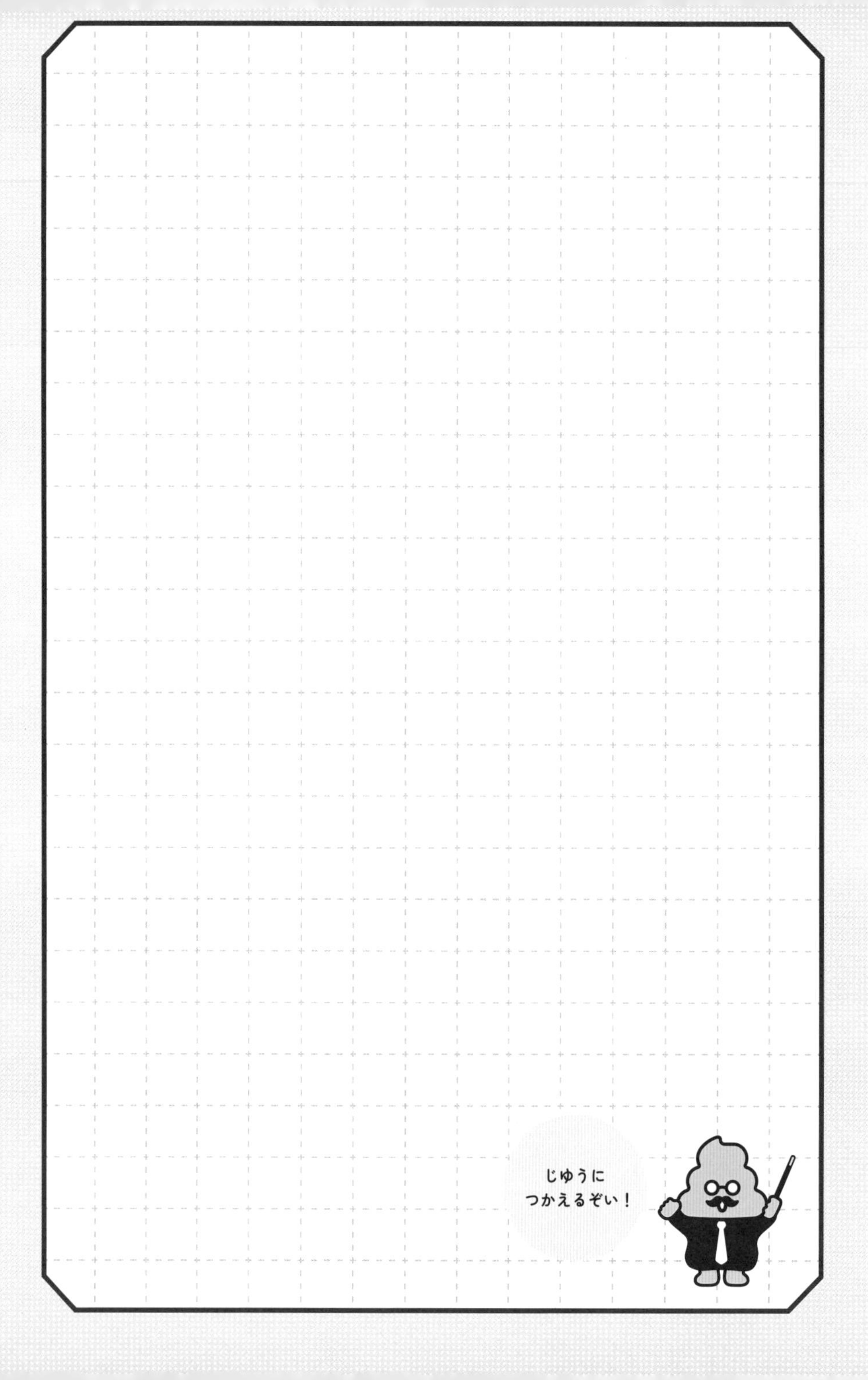
じゆうに
つかえるぞい！